ESSAI

SUR

LA GREFFE DE L'HERBE DES PLANTES ET DES ARBRES.

PAR MONSIEUR LE BARON DE TSCHUDY, BOURGEOIS DE GLARIS.

Nulla spe, nullo timore sollicitor; nullis rumoribus inquietor; mecum tantum et cum libellis loquor. O rectam sinceramque vitam! O dulce otium, honestumque, ac penè omni negotio pulchrius.

PLINE le jeune, *à minutius Fundanus.*

Affranchi des sollicitudes qui accompagnent la crainte et l'espérance, aucun ébranlement ne peut me remuer. Conversant avec mes livres et avec moi-même, je me dis chaque jour : ô vie droite et unie! doux loisirs que l'occupation rend honorables! combien je vous préfère à l'éclat des plus nobles emplois!

A METZ,

CHEZ ANTOINE, IMPRIMEUR DU ROI ET DE LA SOCIÉTÉ D'AGRICULTURE.

1819.

INTRODUCTION.

HIÉRON priait Archimède qu'il voulût bien faire descendre sa géométrie des hauteurs intellectuelles, et l'appliquer aux objets matériels, à l'effet de convaincre l'entendement par le rapport des yeux.

Combien de fois n'ai-je pas formé le vœu d'Hiéron, en étudiant les ouvrages de nos savans sur l'organisation des plantes ! Combien de fois n'ai-je pas été tenté de leur dire : abaissez votre science jusqu'aux choses communes.

Celui-ci embrasse la vue de quarante mille espèces, mesure leurs rapports et assigne à chacune sa place ; celui-là suit, avec constance, la marche de la sève jusques dans les plus petits vaisseaux ; un autre pèse l'eau qui a été absorbée par les organes des feuilles et des jeunes tiges, dans un tems donné, par une température donnée. La connaissance approfondie des langues grecque et latine, l'algèbre, la géométrie, la chimie, deviennent dans leurs mains de simples instrumens applicables à l'avancement d'une seule science, la physiologie végétale.

N'est-ce pas, par l'impuissance de m'élever jusqu'à eux, que j'ai formé plusieurs fois le vœu qu'ils descendissent jusqu'à moi? Rien de plus vrai. C'est pourquoi je ne puis assez recommander aux jeunes gens de bien cultiver les études auxiliaires de l'étude qu'ils ont choisie, afin qu'il ne leur arrive pas, ce qui m'est arrivé plusieurs fois, d'éprouver du découragement en présence des connaissances dont ils sont avides.

Hommages soient rendus à tous ceux dont les travaux assidus ont reculé les limites de nos connaissances. Je n'ai pas cité leurs noms toutes les fois que j'ai répété ce qu'ils ont écrit: c'est que tout vient d'eux, et que tout est à moi, lorsque je dirige sur un seul point le faisceau de lumières que j'ai reçu d'eux, dans l'espoir d'ouvrir à l'industrie des voies plus sûres, des sources plus riches.

Il y a dans la vie végétale un premier principe que nous ne concevons pas.

Dieu dit à Moyse : *Posez des limites auprès de la montagne, afin que le peuple n'approche pas, de crainte qu'en approchant il ne meure.*

Ainsi, toutes les fois que nous nous efforçons de nous élever à la connaissance des premières causes, par la contemplation des œuvres de Dieu; nous rencontrons les limites qui ont été posées par son amour, pour notre sûreté.

Nonobstant, elle est immense la carrière dans laquelle il nous est permis d'exercer les facultés de notre entendement.

Les anciens, assujettis à des préjugés d'école, n'ont eu que le choix de l'erreur, et n'ont pu faire de progrès dans l'étude de l'organisation végétale.

Duhamel nous a appris à diriger lentement le flambeau de l'observation.

Si je savais louer les vivans, je devrais ici nommer MM. Desfontaines, de Candolle, Thouin et plusieurs autres, qui ont porté le flambeau de Duhamel bien loin du point où il l'a laissé.

Je dois beaucoup de reconnaissance à M. Holandre, professeur d'histoire naturelle à Metz, qui a bien voulu suivre avec intérêt les opérations de cette campagne, qui a déjà corrigé ces notes, et m'a aidé dans le choix d'un plan simple et circonscrit, que je vais m'efforcer de remplir.

Nous écrivons pour ceux qui n'ont aucune connaissance de l'organisation des plantes.

Nous sommes obligés, pour nous rendre intelligibles, de considérer et de décrire les organes des plantes, dans leurs rapports à l'art de greffer.

Les plantes se divisent en trois grandes séries; celles dont les semences, par germination, produisent deux feuilles séminales (dicotylédones);

celles dont les semences ne produisent qu'une feuille séminale (monocotylédones), et celles enfin chez lesquelles les semences ne produisent point de feuilles séminales, (acotylédones).

Ces distinctions ne sont pas arbitraires : chacune de ces classes est formée d'une série de plantes, lesquelles diffèrent entr'elles, et sont cependant assujetties à des lois communes à toute la classe.

L'art de greffer ne s'applique qu'à la première de ces classes, qui embrasse la plus grande partie des genres et des espèces indigènes et exotiques, susceptibles d'acclimatement.

J'ai perdu un tems considérable à chercher une méthode de greffer, analogue à l'organisation des plantes monocotylédones. Je n'ai obtenu aucun succès.

Cependant, comme la nature les greffe quelquefois, je suis persuadé qu'un jour on parviendra à les greffer ; et comme la greffe est susceptible de modifier la fructification, il serait intéressant de greffer le bled sur chiendent.

Le chiendent est un froment. On ne greffe les plantes avec succès, qu'autant qu'elles ont entr'elles des analogies suffisantes.

Le bois, l'écorce, les feuilles, la fleur même des plantes, présentent souvent à nos yeux des analogies trompeuses. Les seules analogies qui aient de la valeur, sont celles que l'observation a puisées dans les caractères des organes de la fructification.

Les gemmes ou boutons, qui sont les organes de l'accroissement, ont des rapports qui sont presque toujours entre eux (dans l'échelle générique), comme les rapports des organes de la fructification, d'après lesquels les espèces ont été grouppées par petites séries ou genres.

Ainsi, les espèces congénères se greffent presque toujours l'une sur l'autre.

Mais les genres sont eux-mêmes grouppés sur des analogies moins importantes. Très-souvent les analogies, qui ont déterminé la formation des familles, ou réunion de plusieurs genres, très-souvent, dis-je, ces analogies sont insuffisantes pour qu'il soit possible de greffer un genre sur un autre genre.

Lorsqu'on greffe, on insère la tige d'une plante sur la racine d'une autre plante. Le succès démontre que ces deux plantes avaient entre elles des analogies importantes. Lorsque ces analogies ne sont pas suffisantes, les greffes s'unissent, se développent et meurent dans un tems donné, dont la durée est relative à la mesure du défaut dans l'ensemble des analogies nécessaires.

Ainsi, l'art de greffer peut être appliqué comme moyen expérimental, à l'effet de mesurer l'importance des analogies que les genres ont entre eux.

Une plante à *tige* ligneuse, un arbre, une section de tige, offrent à l'observation des parties charnues et des parties solides.

Les parties solides forment les couches extérieures de l'écorce, le bois, l'aubier.

Les parties charnues ont reçu des noms différens, suivant la place qu'elles occupent. Celles qui occupent le centre, ont reçu le nom de *moële* ou *substance médullaire*; les couches charnues de l'écorce, circonscrites à l'aubier, ont reçu le nom de *liber*; les couches charnues circonscrites au *liber*, ont reçu le nom de *tissu cellulaire*. La partie charnue des feuilles a reçu le nom de *parenchyme*; la partie charnue des fruits a reçu le nom de *péricarpe*.

Or, cette substance charnue, quelque part qu'elle soit, verte chez les feuilles, blanche chez les racines, a la faculté de cicatriser une blessure.

Une greffe s'unit à son sujet, par cicatrisation des substances charnues : ainsi, les parties solides ne s'unissent jamais, parce qu'elles sont dépourvues de l'aptitude à cicatriser une blessure.

J'appelle *herbe* toutes les substances charnues susceptibles de cicatrisation, parce que dans leurs rapports à l'art de greffer, ces substances ont entre elles un caractère d'unité incontestable, qui les rapproche de l'herbe des feuilles et des jeunes tiges vertes.

Plusieurs fois, dans le cours de ces différentes

notes, je me suis servi de la dénomination d'*herbe cylindrique*, pour désigner les couches charnues de l'écorce, circonscrites à l'aubier.

Je n'ignore pas que les naturalistes ont donné le nom de *tiges coniques* à la tige des plantes dicotylédones, qui sont précisément celles dont il s'agit. Ces tiges, considérées dans leur ensemble, abstraction faite des branches, présentent à l'observation, l'image d'un cône aigu, assis sur sa base.

Mais les mêmes tiges, considérées dans l'espace où il est possible d'insérer une greffe, offrent l'image d'un cylindre; ainsi, dans leurs rapports à l'art de greffer, les tiges des plantes dicotylédones sont des *tiges cylindriques*.

L'art de greffer n'est plus un art aveugle; on peut le réduire à des valeurs mathématiques. C'est par sections cylindriques que la géométrie considérera les différentes méthodes d'entailler la jeune tige qu'on veut insérer. Rapporter sur un cylindre une section cylindrique, de manière à obtenir un parfait parallélisme de toutes les surfaces entaillées, susceptibles de s'unir par cicatrisation, tel est le but qu'on se propose en greffant.

La meilleure méthode de greffer est donc celle par laquelle on obtient la plus grande largeur possible des surfaces susceptibles de s'unir, sur une longueur imposée par la nécessité, dans la circonstance la plus favorable à une prompte cicatrisation.

La substance herbacée qui cicatrise une blessure, par génération d'une herbe nouvelle, est renfermée dans les alvéoles d'un tissu cellulaire dont la forme varie selon les genres. Le péricarpe d'une orange offre aux yeux la charpente d'un tissu cellulaire, analogue à celui qu'on observe dans l'herbe des plantes. On voit que chaque cloison est commune à deux cellules, et que de grandes alvéoles renferment d'autres alvéoles plus petites, qui renferment elles-mêmes une substance globuleuse.

La plantule qui vient de se développer par germination d'une semence, est formée d'herbe continue, depuis l'extrémité de la radicule jusqu'au sommet de la plumule.

La plantule, qui vient de se développer sur une tige ligneuse par épanouissement d'un gemme ou bouton, est également formée d'un tissu cellulaire homogène, continu, depuis le point de son implantation sur la tige jusqu'à son extrémité.

Lorsque la saison est régulière, les gemmes produisent deux fois des herbes nouvelles, savoir : au printemps et au mois de juillet.

Chaque fois qu'un arbre projette de nouvelles herbes en-dehors, il forme au-dedans une nouvelle herbe cylindrique, qui part du centre de la tige, et se porte à la circonférence, en traversant le bois et l'aubier, par les canaux du système médullaire rayonnant.

Ces rayons, conducteurs de l'herbe nouvelle cylindrique, caractérisent exclusivement cette classe des plantes dicotylédones, qui sont l'objet de notre attention.

C'est alors que le tissu cellulaire, ou l'herbe verte cylindrique à petites mailles, prend la place du liber, ou herbe blanche cylindrique à grandes mailles, tandis que celui-ci se solidifie et devient aubier.

Cette herbe à marche centrifuge, d'abord liquide lorsqu'elle s'épanche sur l'aubier, ensuite gélatineuse, transparente, et enfin charnue et verte, a reçu le nom de *cambium*.

Or, le *cambium* est toujours l'herbe de cicatrisation ; c'est toujours par lui qu'une greffe s'attache au sujet. Il réside dans l'herbe continue, et c'est de là qu'il part pour descendre dans le canal médullaire, et s'épancher à la circonférence.

C'est le *cambium* qui produit les racines d'une bouture; c'est lui qui détermine l'accroissement de la racine d'une plante qu'on vient de transplanter. Si on coupe un arbre sur pied, c'est encore le *cambium* qui produit les mamelons générateurs d'une herbe verte nouvelle.

En un mot, le *cambium* est l'herbe blanche descendante, produite par l'herbe verte ascendante.

Lorsqu'on coupe un arbre, avec suppression de sa tige rameuse, on suspend pour quarante jours l'action vitale, car on supprime les rudimens de toutes les herbes vertes qui allaient produire de l'herbe blanche.

Une partie des racines meurent, en versant sur le collet les sucs nourriciers dont elles sont saturées.

L'état de létargie qu'on impose toujours aux arbres par mutilation de leur tige ligneuse, a encore une autre cause. C'est que les canaux de la sève montante résident dans le bois, et que ces canaux ne sont pas susceptibles de cicatrisation : ainsi, la durée du temps de l'état létargique est proportionnelle à l'importance des cananx qu'on a coupés, lorsqu'on a imposé une mutilation à la tige ligneuse.

Lorsqu'on coupe ou qu'on mutile l'herbe continue des feuilles ou des jeunes tiges vertes, on obtient une prompte cicatrisation, et on ne fait presque pas rétrograder l'action vitale.

C'est donc là, dans le chantier où se forme le *cambium*, qui est l'herbe de cicatrisation ; c'est donc là, qu'il faut greffer les arbres.

Les plantes annuelles parcourent toutes les périodes d'une vie complète, dans un temps abrégé. La force vitale active a une plus grande énergie, en raison du défaut de longévité : les moyens de réparation sont toujours proportionnés à la vigueur du sujet. Ainsi, l'herbe des plantes annuelles cicatrise une blessure plus promptement que l'herbe des arbres ; on les greffe avec une facilité et une sûreté admirables.

Les feuilles sont essentiellement pourvues d'organes, propres à absorber dans l'atmosphère des principes nourriciers ; elles y pompent principalement de l'eau ; elles absorbent la substance lumineuse ; elles saisissent dans l'atmosphère une partie de l'air élastique qu'elles approprient à la nutrition de la plante. Elles sont aussi pourvues d'organes propres à la transpiration, par lesquels elles rejettent au-dehors l'excédent de l'eau qui leur est nécessaire. C'est là que réside le principal laboratoire où se forme le *cambium*.

C'est donc par l'action des feuilles qu'il faut greffer de l'herbe, sur l'herbe pleine des tiges vertes.

Mais les parties d'un végétal qui, par défaut d'organes propres à l'accroissement, ne peuvent se prolonger, meurent en cédant leur propre substance au bouton voisin.

Si donc vous avez coupé une tige verte un pouce au-dessus d'un bouton, ne greffez pas sur cet inutile tronçon de tige verte, qui ne pouvant vivre pour lui-même, est dans l'impuissance d'animer une greffe.

Greffez à la hauteur de ce bouton terminal qui, en se prolongeant, occasionnera la cicatrisation, et qu'on supprimera lorsque le bouton inséré aura puisé, sur cette jeune tige, le principe d'une vie nouvelle.

Résumant ce qui précède, nous dirons qu'une greffe animée est toujours le résultat d'une cicatrisation achevée.

Qu'une loi commune préside à la cicatrisation des blessures qu'on impose à l'herbe des arbres et des plantes dicotylédones.

Que, par conséquent, une seule greffe convient à toutes les espèces sans exception : que l'art de greffer se réduit à déterminer le point, la circonstance, le moment où la cicatrisation est plus prompte, plus facile, plus sûre.

Si d'ailleurs il est vrai que les feuilles sont pour le végétal, ce qu'est l'estomac pour l'animal, on s'étonnera que des connaissances acquises depuis si long-temps, n'aient pas engagé plutôt à greffer par l'action des feuilles, à demander de l'herbe de cicatrisation aux organes qui la produisent.

Division naturelle des Plantes dicotylédones, considérées dans leurs rapports à l'art de greffer.

NOUS avons considéré les organes, en tant qu'ils avaient de l'influence sur la cicatrisation.

Nous allons classer les plantes, considérées exclusivement sous les mêmes rapports. On verra que cette classification n'est point arbitraire, et que des modifications organiques, communes à toutes les espèces de chacune de ces classes, imposent des modifications relatives, dans la méthode de greffer.

Les plantes se divisent en arbres, buissons, plantes annuelles.

DES ARBRES. — *Trois classes.*

Les Pins, Mélèses et Sapins, constituent à eux seuls un premier ordre : ils sont uni-tiges.

Les sarmenteux, et sur-tout la Vigne, sont *omni-tiges.*

Tous les autres arbres sont *multi-tiges.* Ainsi, considérés dans leurs rapports à l'art de greffer, les arbres nous présentent trois classes distinctes.

Nous allons examiner la première classe.

Des Arbres uni-tiges.

Les Mélèses, Pins et Sapins sont uni-tiges, parce que chez eux une seule herbe centrale marche vers l'élévation, tandis que les herbes circulaires et latérales, en se prolongeant, décrivent un arc de déclinaison, et viennent enfin s'asseoir sur un angle nécessaire, invariable.

Ainsi, les procédés de l'accroissement déterminent cette prodigieuse élévation qui caractérise la plupart de ces arbres.

Des herbes qui ont été obligées de s'asseoir sur un angle de 70 à 80 degrés, s'affaissent par le prolongement annuel qui ajoute une pesanteur à l'extrémité du levier. Ainsi, les branches latérales, assujetties à une loi d'affaiblissement progressif, n'ont qu'une existence tributaire, et ne peuvent tendre à la verticalité.

Un Pin fourchu, un Mélèse fourchu, est deux fois uni-tige.

Cette action ascendante, une et sans partage, qui caractérise le développement de l'herbe centrale terminale des uni-tiges, les rend très-faciles à greffer.

Greffe des uni-tiges.

Lorsque je parlerai du Noyer, je décrirai la méthode : j'ai dit qu'une seule méthode était applicable à toutes les plantes dicotylédones, parce qu'une loi commune à toutes, déterminait chez elles la cicatrisation des substances herbacées. Chez toutes ces plantes, l'herbe cicatrise une blessure, par génération d'une herbe nouvelle.

Mais il est essentiel d'observer que les lois de l'accroissement sont ici comme chez les graminées.

Les autres arbres se prolongent exclusivement par le faisceau d'herbes terminales. Lui seul, marche vers l'élévation : laissant derrière lui une feuille, lorsqu'il en est temps, et portant ainsi successivement la dernière feuille près du sommet d'une tige qui a toujours marché exclusivement par son extrémité.

Le bourgeon d'un Pin ou d'un Sapin se prolonge par tous les points de sa surface cylindrique.

Si donc on coupait trop tôt l'herbe centrale d'un Pin, et qu'on insérât une greffe sur le sommet de son herbe tronquée, cette herbe, en se prolongeant, dérangerait le parallélisme des tranches et des contre-tranches, dont la fixité est indispensablement nécessaire au succès de l'opération.

Il faut donc attendre que l'herbe des uni-tiges ait parcouru les deux tiers de son développpement. Alors les feuilles inférieures auront pris leur distance. On trouvera l'herbe continue près du sommet ; on coupera cette partie de la tige verte, où les feuilles pressées l'une sur l'autre, accusent un retard dans l'action du prolongement, et on greffera sur ce sommet, où l'on peut se promettre l'immobilité nécessaire.

J'ai dit que les résineux se greffaient avec une facilité admirable. Cette facilité est ici, comme toujours, dans une mesure relative à l'importance des analogies naturelles.

Ici encore, par exception (chez les Pins) le système

des feuilles présente un caractère important, parce qu'il cache des gemmes secrets.

Les Pins à trois feuilles ne se greffent pas aisément sur les Pins à deux feuilles.

Le Pin Pinier, le Pin de la Romanie, le Pin Laricio et autres Pins à deux feuilles, se greffent facilement sur le Pin sauvage, et sur le Pin d'Ecosse, qui sont aussi des Pins à deux feuilles.

Le Pin Alviez, qui est un Pin à cinq feuilles, ne réussit très-bien que greffé sur le Pin de Weimouth, qui est aussi un Pin à cinq feuilles.

Le Baumier de Gilead, qui est un Sapin argenté d'Amérique, se greffe facilement sur notre Sapin argenté, ou Sapin à feuilles d'If.

Les Sapinettes d'Amérique se greffent facilement l'une sur l'autre. Cette année est la première, où j'aie pu les greffer sur le *Picea*.

Le Hemlock, greffé sur Sapinette, ne vit qu'un an. Je ne connais pas de résineux analogue au Hemlock, parce qu'il n'est pas franchement uni-tige. Ses branches ne sont pas assises sur un angle nécessaire, invariable : le foyer de vitalité est susceptible de division, de transposition. D'ailleurs, il se rattache à un petit groupe d'arbres chez lesquels, par exception, l'herbe de cicatrisation monte avant de descendre.

Les Mélèses à feuilles caduques, se greffent facilement sur le Mélèse des Alpes.

Le Cèdre du Liban, qui est un Mélèse à feuilles persistantes, réussit moins bien greffé sur le Mélèse des

Alpes, et il faut saisir un moment favorable, sous peine d'échouer.

Le Cèdre du Liban n'est pas encore acclimaté ; il a été récemment déplacé par la main des hommes ; il n'a pas suivi, en s'élevant jusqu'à nous, comme la Vigne et comme le Noyer, les degrés d'une échelle d'acclimatement ; il a été trop brusquement transporté sur notre élévation ; on lui a fait escalader l'échelle d'acclimatement.

L'espèce n'est donc pas acclimatée ; les semences produisent des individus faibles, qui succombent aux rigueurs de l'hiver ou aux intempéries du printemps.

Mais on a eu en France plusieurs individus parfaitement acclimatés, qu'il faudrait multiplier par leurs gemmes, soit en greffant leurs bourgeons, soit en en formant des boutures.

L'acclimatement d'un individu n'est donc souvent qu'un premier degré nécessaire vers l'acclimatement de l'espèce.

Je me suis proposé de faire parcourir à cet arbre les degrés d'une échelle nouvelle d'acclimatement, en greffant chaque année le Cèdre du Liban sur Mélèse des Alpes, avec herbes produites par un Cèdre déjà greffé sur Mélèse des Alpes.

Nos Saintes Écritures comparent au développement du Cèdre du Liban, l'accroissement d'un peuple qui grandit et qui s'élève sous les yeux de Dieu. Tel a pu être le sort de cette pauvre France !

Les autre résineux, qui ne sont pas uni-tiges, rentrent dans la classe des multi-tiges à plusieurs égards. On les greffe sur le sommet de leur herbe centrale, tronquée ; il faut une grande prévoyance pour empêcher que le foyer de vitalité ne se transpose : il faut, pendant deux ans, pincer les herbes latérales qui tendent à usurper la situation verticale.

Nous avons dit que dans la classe des arbres, les uni-tiges se greffaient avec la plus grande facilité.

Nous allons en examiner les causes. Lorsque nous greffons, nous demandons une action au sujet; et quelle action ? Vous quitterez votre tête, et vous en animerez une autre.

Or, il n'y a jamais d'incertitude dans les résultats : l'action obtenue est toujours dans une mesure relative à la vigueur du sujet.

Si donc on divise par trente les degrés de la force vitale active, la plus grande vigueur, égale à trente, sera toujours l'objet de nos recherches, lorsque nous voudrons greffer.

Cette tige une, qui marche nécessairement vers l'élévation, me présente un foyer de vitalité invariable : elle m'offre la force vitale active dans sa mesure égale à trente.

Des omni-tiges. — Deuxième classe.

Les sarmenteux et surtout la Vigne, sont omni-tiges.

La Vigne est omni-tige, parce que la force vitale active est également répartie sur chacun de ses gemmes ou boutons.

Si une tige s'élève verticalement, elle n'usurpe pas une prééminence. Si une tige tombe au-dessous de la ligne horizontale, elle ne languit pas par défaut d'élévation. On peut donc greffer la Vigne sur chacun de ses bourgeons.

Greffe de la Vigne.

Ceux qui greffent la Vigne au-dessous de la surface du sol, greffent des boutures. Le bourrelet d'une greffe est toujours occasionné par l'obstacle que présente la couture à l'action descendante des sucs nourriciers. Aussi Duhamel a constaté, et nous avons eu souvent l'occasion de le vérifier, que les racines produites par le bourrelet d'une greffe, appartenaient invariablement à la greffe et jamais au sujet.

Ces procédés ne sont pas sans valeur; ils peuvent être employés dans le but de rajeunir une vieille souche, ou dans celui de substituer une bonne espèce à une mauvaise.

Mais ne perdons pas de vue que la parfaite maturation du fruit doit être le but de la culture. Or la greffe favorise la maturation du fruit, et celle du bois dont elle limite l'accroissement.

Une greffe enterrée produit des racines qui s'étendent librement par-dessus l'obstacle. Ces racines provoquent des herbes vigoureuses. Plus l'herbe est vigoureuse, plus sa propre maturation est difficile, moins elle est susceptible de porter le raisin à sa maturité.

Maturité du bois, de la feuille, du fruit, est une seule action. Autrefois, au clos de Vougeot, on s'appliquait à maigrir le bois, en refusant au sol tout engrais fort. La taille paraissait courte, mais trois nœuds se comptaient sur un espace qui ordinairement n'en admet que deux.

Ces nœuds de la Vigne présentent à notre attention l'image d'un vrai filtre : ces nœuds modérateurs de l'action descendante des sucs nourriciers, ont été donnés à la Vigne, afin qu'elle pût mûrir son fruit sur nos zones tempérées. Cessons d'admirer les prodiges de l'industrie humaine, lorsqu'elle transporte les bienfaits de Dieu ; et reconnaissons que le bouton de la Vigne a été organisé pour l'émigration. Le vin et l'huile sont des productions naturelles, préordonnées : l'homme ne fait qu'obéir à sa destination, lorsqu'il applique à son bonheur les facultés industrielles qu'il a reçues de Dieu.

Toutes les plantes utiles à l'homme ont reçu une riche dotation de priviléges organiques, le jour où la main de Dieu a lancé les premiers germes sur le premier sol. Ainsi ces plantes forment une riche draperie qui embrasse toute la surface du globe ; tandis que les plantes nuisibles, circonscrites dans la distribution de leurs organes, sont forcées de végéter sur la zone où elles sont attachées.

Je résiste au desir que j'aurais de démontrer que les plantes ont reçu des organes de reproduction, d'accroissement et de conservation, dans une mesure relative à l'importance de leur utilité pour nous.

Qu'on me permette seulement d'examiner ce qui regarde la Vigne.

Le pepin n'a pas reçu, comme le bled, la faculté de produire trois radicules. La nature nous apprend que c'est par les gemmes qu'il faut propager la Vigne. Lorsque ses mains cessent de soutenir sa tige, elle tombe jusque sur le sol, et retrempe la vitalité de la plante en produisant de nouvelles racines à la surface d'un nouveau sol.

Son bouton d'hiver est le seul qui renferme trois *corculum*. Celui du milieu est ordinairement le seul qui se développe : les autres font, à son égard, office de cotylédon ; mais ils sont là prêts à s'élancer en cas d'accident.

Le raisin est le seul fruit dont la maturation ait un lendemain. Les autres fruits ont un point de maturité qui n'a pas de lendemain.

Le raisin est le seul fruit dont le pédoncule ne se détache pas au moment de la maturité : il fallait cela, afin que la main des hommes pût recueillir toute la récolte dans un temps donné.

La Vigne n'a pas été créée pour l'homme sauvage, mais pour l'homme industrieux.

Tu mangeras ton pain à la sueur de ton visage : Loi infaillible, sainte promesse qui garantit l'équilibre entre la pesanteur de nos fatigues et la richesse de nos récoltes.

Ainsi la Vigne, livrée à elle-même, ne produirait que de mauvais fruits, même sur sa zone primitive.

» Les Namazons ou Loxites, dit Pausanias, sont
» des peuples barbares qui habitent les confins de la
» Lybie, et qui se nourrissent de ce *mauvais raisin*
» que produit la Vigne lorsqu'elle n'est pas cultivée. »

J'ai dit qu'on pouvait greffer la Vigne sur tous ses bourgeons, parce que chaque bourgeon a une égale aptitude à se prolonger.

Mais il ne faut pas perdre de vue que le meilleur raisin se recueille près de la surface du sol ; ainsi, ne greffez, au commencement de mai, que les tiges que vous aurez couchées au mois de mars.

Les greffes, par la troisième et la quatrième feuille du bourgeon de la Vigne, m'ont accordé un très-beau bois, à nœuds très-rapprochés, qui a parfaitement mûri. Je crois que ces premières greffes ont été faites le 7, le 8, le 9 et le 10 de mai. Les greffes par cinquième, sixième feuille, (15 de mai) m'ont accordé un bois plus maigre qui a mûri. J'ai greffé chaque jour, jusqu'au premier de juin, et les résultats ont été en décroissant, comme je devais le prévoir.

Ainsi, les quinze premiers jours du mois de mai renferment le temps où il convient de greffer la Vigne sur notre élévation.

En Sicile, on sème le pepin de la Vigne; c'est que l'espèce y est acclimatée. Il y a près de trois mille ans que les Grecs ont porté la Vigne en Sicile et dans le royaume de Naples.

Ici, nous jouissons seulement de l'acclimatement des individus qui avaient remonté l'échelle d'acclimatement jusqu'au pied des Alpes Rhœtiennes, au temps où Virgile écrivait; ces individus ayant été incessamment propagés par leurs gemmes.

De sages observateurs nous ont avertis que les arbres, incessamment propagés par leurs gemmes, perdaient l'aptitude à produire des semences : rien de plus vrai.

Mais si l'on éprouvait cette inquiétude, relativement à la Vigne, c'est qu'on aurait confondu deux choses très-distinctes, semence et fruit.

L'arbre à pain, aux îles des Amis, ne produit pas de semences, mais il produit un fruit délicieux. Cet arbre, depuis long-temps, y est propagé par ses gemmes : l'état de sa végétation est un monument qui nous démontre que, dans ces îles, la civilisation remonte à une époque très-éloignée.

La Billardière, à qui nous devons cette intéressante observation, appelle arbres à pain sauvages, les arbres à pain de la Nouvelle-Calédonie, qui sont exactement les mêmes, mais qui produisent des semences. Il a raison, car ceux-ci sont enfans de la nature, et les autres sont enfans de l'industrie.

Ainsi, en continuant de propager la Vigne par ses gemmes, soit en la greffant, soit en couchant ses tiges, nous risquerons d'avoir un jour des raisins sans pepins; et certes, si cela arrive, on appellera sauvages les Vignes qui produiront des semences.

Ajouter aux nœuds de la vigne la valeur d'un nœud, en greffant sa tige, c'est ajouter aux facultés pour la maturation du bois et pour celle du fruit; mais il conviendra de ne propager, par la greffe, que les espèces qui mûrissent difficilement leurs fruits.

J'ai dit que l'action qui transformait l'herbe en aubier, et l'action de maturation des semences et fruits étaient une seule et même action. Je vais le démontrer.

On sait que la Vigne produit quelquefois de vigoureux bourgeons d'été, par germination anticipée d'un bouton régulier. Ces bourgeons d'été produisent des fleurs au mois de juillet, la fécondation a lieu, mais ces raisins ne mûrissent jamais, attachés qu'ils sont à une tige qui n'a pas le temps de mûrir son bois.

Le 20 juillet, j'ai greffé le pédoncule d'un de ces raisins sur le pétiole d'une feuille de première sève.

Les grains sont restés très-petits ; mais ce raisin a parfaitement mûri, parce que je l'ai obligé à vivre d'une vie parallèle à la vie d'une feuille déjà engagée dans l'action de maturation. J'ai fait déposer ce raisin, au Jardin des Plantes, vers le 15 d'octobre, attaché à la feuille qui lui a transmis des alimens d'accroissement et des alimens de maturation.

Des multi-tiges. — Troisième classe.

L'herbe centrale terminale des grands résineux, nous fait observer un foyer de vitalité invariable, une force vitale active dans sa mesure égale à trente.

La Vigne nous présente une série de gemmes, chez lesquels l'aptitude au prolongement est répartie dans une mesure égale.

Tous les autres arbres sont multi-tiges, parce que chez eux le foyer de vitalité est susceptible de se diviser, de se transposer.

Imprimer à ces arbres une force vitale active, égale à 30 ; fixer le foyer de vitalité pour un tems donné, égale à la durée du tems que réclame la cicatrisation : tel est le but que nous nous proposons.

C'est en examinant les lois qui président à l'accroissement des buissons, que nous apprendrons à greffer les arbres multi-tiges.

Des Buissons.

L'Aubépine et le Noisetier ne sont pas des Buissons pour moi : ce sont de petits arbres.

J'appelle Buissons, une classe de plantes qui ont

été organisées pour former nécessairement des Buissons.

Les Viornes, les Eglantiers, les *Spirea*, sont dans cette classe.

Lorsque les tiges ligneuses se préparent à fleurir, de vigoureuses tiges vertes radicales s'élancent du collet de la plante, et se portent rapidement à la hauteur des tiges ligneuses. Celles-ci viennent étaler leur vigoureuse jeunesse auprès de la maturité des premières, qui alors se couvrent de fleurs.

Fleurs et fruits sont pour la plupart de ces tiges ligneuses, une époque de décroissance. Même il en est pour lesquelles, fleurir et produire des fruits, sont le dernier effort d'une vie qui va s'éteindre, (le Framboisier.)

Ceux qui s'appliquent à imposer un maintien arborescent à l'Eglantier, au *Fuchsia*, à l'*Hortensia*, recueillent de tristes fruits de leurs soins. Que de peines ils se donnent pour substituer un arbre maussade et languissant, à un aimable Buisson constitué pour jouir d'une jeunesse inaltérable !

C'est que l'éducation est barbare, lorsqu'elle n'est pas en harmonie avec la fin naturelle.

Charmans Buissons de la nature, qui me présentez dans la même enceinte, jeunesse et vigueur, fleurs et fruits, et douloureuse décroissance, vous êtes la touchante image de ma douce famille, où mes enfans s'élèvent à mesure que je décline.

Le Rosier doit se greffer au printemps, chaque année, sur tige radicale de l'année précédente. Si on fait cela, on aura toujours, parmi les plus belles, la plus belle fleur.

Ce même Rosier greffé, quelques soins qu'on lui prodigue, ne donnera jamais plus d'aussi belles fleurs ; car, en prolongeant sa vie, l'éducation va contrarier sa fin naturelle, qui le porte à céder sa force vitale active à une jeune tige radicale, qui s'élance du collet, et qu'on s'oblige à supprimer plusieurs fois, afin de reporter la vitalité sur un point où elle n'aime plus à se fixer.

Favoriser le développement des tiges radicales des Buissons, en supprimant leurs tiges ligneuses dès qu'elles ont fleuri, c'est adopter à leur égard un plan d'éducation analogue à leur fin naturelle. On peut, par cette industrie auxiliaire des vues de la nature, obtenir de charmans Buissons, de l'*Hydrangea*, de l'*Hortensia*, du *Spiræa tomentosa*, et de beaucoup d'autres. Mais les deux derniers que j'ai nommés, aiment l'ombre, l'humidité et le terreau végétal. Donnez-leur tout ce qu'ils desirent, si vous voulez qu'ils vous accordent tout ce qu'ils peuvent donner.

M. de Candolle m'a chargé, il y a quelques années, de constater, par la greffe, si l'*Hortensia* devait être groupé avec les *Viburnum* ou avec les *Hydrangea*.

Je n'imaginai alors rien de plus fort que de disposer au printemps des Buissons, pour être greffés par approche de leurs tiges ligneuses.

Tout manqua, et je n'y pensais plus, lorsque, l'an passé, M. de Candolle me renouvella cette demande. Sa constance anima mon zèle, et c'est alors que je fis ce calcul :

Si la force vitale active est comme quinze dans la tige ligneuse décroissante d'un Buisson, elle est comme trente dans sa tige verte radicale croissante. Or ce calcul n'est point exagéré, il est exact.

L'*Hortensia* se greffe au mois de mai avec la plus grande facilité, en fente, avec faisceau d'herbes terminales, dans le sein de la troisième paire de feuilles d'une tige verte radicale d'*Hydrangea ;* car les deux premières paires, qui se développent par germination d'une tige radicale, sont formées de feuilles incomplètes, qui seraient de mauvaises nourrices.

Si j'ai appelé un moment l'attention sur des Buissons à fleurs, sur des objets qui paraissent frivoles, c'est dans le but de faire observer que l'industrie peut obtenir de tous les arbres multi-tiges, des tiges vertes radicales, chez lesquelles la force vitale active sera égale à trente. Il suffit de couper les sujets sur pied au mois de mars.

Greffe, une, applicable à tous les arbres et à toutes les plantes dicotylédones.

M. de Candolle nous a fait observer avec quelle étonnante facilité les feuilles et les jeunes tiges vertes cicatrisaient leurs blessures, lorsqu'elles avaient été mutilées par les insectes, déchirées par la grêle. C'est comme s'il nous avait dit : il faut greffer de l'herbe sur de l'herbe.

Je m'attache à démontrer que je n'ai rien inventé ; car l'art de greffer n'est point un art qui appartienne à l'imagination. C'est une simple imitation des procédés par lesquels la nature exécute tous les jours des greffes sous nos yeux.

J'ai déjà dit plusieurs fois qu'il était facile de greffer l'herbe des tiges vertes. Je n'ai pas entendu qu'il fût permis de greffer avec négligence, ni de greffer sur une herbe qui manque de vigueur.

Voyez quelle précision la nature s'impose à elle-même, lorsqu'elle greffe deux fruits, deux feuilles, deux tiges vertes. Elle nous prescrit la même exactitude dans l'imitation. Rendre l'exactitude facile, est donc le seul but raisonnable qu'on puisse se proposer.

Voyez cette plantule qui vient de se développer par germination d'une semence : elle étale deux premières feuilles, dans le sein desquelles est assis un premier gemme.

On a souvent observé et décrit l'influence de ces premières feuilles, à l'égard de ce premier gemme. Et bien, les mêmes rapports subsistent entre chaque feuille du végétal et son gemme axillaire.

Mais ne confondons pas le bourgeon d'été, qui naît par excès de vie hors de l'ordre nécessaire, avec le bouton d'hiver qui naît dans l'aisselle ou près de l'aisselle, dans un ordre invariable.

Ces bourgeons d'été indiquent toujours une grande vigueur chez les sujets qui les produisent.

Soit qu'ils naissent à côté de l'aisselle (la Vigne) ou en avant de l'aisselle (le Noyer, le Robinier), ou soit qu'ils se développent par germination anticipée d'un bouton régulier (Mélèse, Platane), ils marchent toujours par action directe des racines, et ne sont pas dans une intime dépendance de la végétation des feuilles.

S'il est vrai qu'une feuille est nourrice de son gemme axillaire, comme les premières feuilles sont nourrices du premier gemme chez la plantule, ôtons à cette feuille son propre gemme, et donnons-lui un autre gemme à nourrir. J'ai tout dit, mais j'ai promis une description; je vais la donner.

Il n'est pas difficile de mettre un bouton en lieu et place qu'occupait un bouton. C'est ainsi qu'au printemps je greffe l'œil poussant, appliquant à l'animation du bouton inséré ce faisceau de combinaisons organiques qui ont été préparées par la nature pour l'animation d'un bouton.

Cinq vers de Virgile, qui ont toujours été mal traduits, démontrent que, de son temps, on greffait ainsi l'œil poussant, et qu'on ne coupait pas la tête du sujet; ce qui est absurde, puisqu'on impose un mouvement rétrograde à l'action vitale, dans le moment même où on lui demande d'appliquer toutes ses forces à l'animation du bouton inséré.

Cette greffe n'est pas de mon sujet. Dans l'occasion qui fixe notre attention, le bouton n'est pas un être organisé: il n'est encore qu'un prolongement de l'herbe continue. Aussi, on peut sans inconvénient, placer le bouton inséré dans une situation opposée à l'ordre naturel.

Nous sommes au mois de juin, suivez-moi dans ce bois: voyez cette recrue du mois de mars. Elle est formée de tiges vertes radicales. Observez que les plus vigoureuses de ces tiges sont les plus irrégulières. Ce Cornouiller a des feuilles par trois, ce Mérisier a des feuilles opposées; ce Frêne a des feuilles alternes; ce Chêne a des feuilles verticillées.

C'est qu'il y a eu excès de forces vitales, qui a produit un excédent de substances organisables, lesquelles n'ont pu se placer dans l'ordre régulier.

J'ai donc été invité par la nature, déterminé par la facilité, autorisé par l'expérience, à transposer l'ordre des boutons.

J'ai dit qu'une méthode suffisait, et rien n'est plus vrai : mais de légères modifications dans la disposition du système gemmal, imposent de légères modifications dans la méthode ; nous noterons les principales.

Ce Noyer avait huit ou neuf pouces de tour ; je l'ai coupé sur pied au mois de mars ; il me présente à la fin de mai plusieurs tiges vertes radicales.

Il faut n'en laisser qu'une, tout au plus deux, si on craint de manquer une greffe que je considère comme infaillible.

Les deux premières feuilles ne sont jamais des feuilles complètes ; j'attends que cette tige ait étalé quatre ou cinq feuilles.

Je choisis toujours la feuille qui précède immédiatement le faisceau d'herbes terminales, pourvu qu'elle ait pris sa distance sur la tige.

C'est donc par sa cinquième feuille que je vais greffer cette tige.

Je la coupe un pouce au-dessus de l'implantation du cinquième pétiole.

En avant de l'aisselle, j'observe un bouton d'été, et dans l'aisselle un très-petit bouton régulier.

Je pose la pointe de l'instrument entre ces deux boutons, et je pratique une incision oblique qui vient s'arrêter au centre du cylindre, un pouce ou un pouce et demi au-dessous de l'aisselle. Cette incision jette le bouton d'été d'un côté, et le bouton d'hiver de l'autre.

Si on taille en coin une tige verte de Noyer d'Amérique, d'un calibre à peu près égal, l'aire des tranches du scion se trouvera en parallélisme avec l'aire des contre-tranches, qui résultent d'une telle incision.

Vous grefferez avec scion formé d'une section de tige herbe, d'un pétiole et d'un chicot terminal, aussi long que celui que nous avons laissé au sujet, hors du foyer de vitalité.

En taillant votre scion, vous aurez soin que les deux entailles commencent à la hauteur du centre du tubercule du pétiole. Ainsi, ce pétiole pourra descendre à la hauteur du pétiole de la cinquième feuille du sujet. Le bouton sera à la hauteur des boutons du sujet, dans le foyer de vitalité que nous avons jeté sur la cinquième feuille, lorsque nous avons supprimé le faisceau d'herbes terminales.

Le pétiole du scion et celui de la feuille nourrice étant à hauteur égale, et formant ensemble un angle de 90 degrés, les premières révolutions du fil de laine embrasseront ces pétioles de manière à empêcher que le coin ne remonte, lorsqu'on serrera en descendant.

Les parties du végétal qui, par défaut d'organes, ne peuvent se prolonger, meurent en cédant leur propre substance au bouton voisin.

Le pétiole du scion et les deux chicots vont donc verser des alimens sur le bouton inséré; ils vont faire à son égard office de cotylédon.

Dans vingt jours, le pétiole du scion commencera

à jaunir, ensuite il se détachera, laissant sur l'aire de son implantation une belle cicatrice verte, gage infaillible du succès.

Ces greffes ne poussent qu'au bout de trente jours : on les exécute avec la plus grande facilité. Mais lorsque le scion est d'un calibre beaucoup plus petit que le calibre du sujet, on est obligé d'avoir recours à une autre greffe en fente que je vais décrire, et dont je donnerai un dessin.

Ce n'est que pour satisfaire les yeux que l'on a recours à une autre méthode, lorsque le calibre du scion est beaucoup plus petit que celui de la tige verte du sujet ; car lorsqu'on greffe l'herbe continue, la cicatrisation s'étend sur toutes les surfaces de l'aire des tranches. On peut donc greffer une petite herbe, par immersion dans une herbe plus forte. Il en résulte une défectuosité pénible à voir : mais une telle greffe ne manque pas.

Etant le calibre de l'herbe que je me propose d'insérer, beaucoup plus petit que le calibre de cette tige verte radicale de Noyer, il faut couper cette tige trois lignes au-dessus de l'aisselle de la cinquième feuille.

Sur cette longueur de trois ou quatre lignes que j'ai réservée en-dehors du foyer de vitalité, on discerne un petit bouton d'été en avant du gemme axillaire qui est le bouton régulier.

Fendez ce chicot vert, de manière à diviser en deux parties égales, le bourgeon d'été et le bouton d'hiver.

Lorsque l'extrémité du scalpel sera arrivée sur le tubercule du pétiole, il faut baisser la main, fendre en descendant, de manière que la pointe de l'instrument glisse sur la paroi intérieure de l'écorce cylindrique.

Ainsi, le cylindre sur lequel je vais greffer, est divisé en deux parties égales, au-dessus de l'aisselle de la feuille nourrice. Il est ensuite incisé dans toute sa capacité, à la réserve de l'écorce qu'on laisse entière sur la ligne du pétiole.

Dans cette fente, introduisez un scion formé d'une section de tige verte, avec pétiole tronqué et chicot. Ce scion doit être taillé comme une lame de couteau, ou comme un coin, aminci sur une de ses longueurs.

Saisissez ce scion par son pétiole avec la main droite; présentez son extrémité dans la partie supérieure de l'incision; aidez-vous du pouce de la main gauche, pour le faire descendre.

Le scion doit tellement descendre, que la partie supérieure de l'aire de ses tranches se trouve à la hauteur du centre du tubercule du pétiole de la feuille nourrice.

Les pétioles opposés du sujet et du scion, donnent les moyens de projeter les premières révolutions du fil de laine, de manière à former une bride qui empêche le coin de remonter, lorsqu'on achevera de serrer en descendant.

Enfin, lorsque la poupée sera nouée, il faut fendre l'un et l'autre chicot jusqu'à la bride; ces fentes doivent couper carrément la fente qui a divisé ce chicot en deux parties égales.

L'élasticité de l'herbe, pleine et continue, fait coïncider toutes les surfaces sous la compression du fil de laine; s'il y a de petites chambres, elles se remplissent bientôt d'une herbe nouvelle.

Cependant il est difficile de tailler un scion comme une lame de couteau, sans que le premier effort de l'instrument n'occasionne une légère courbe, et par conséquent une surface concave.

Qu'on ne s'en embarrasse pas, car les quatre sections du chicot vert, par une action centrifuge, vont s'écarter l'une de l'autre, s'appuyer fortement sur la bride, et imposer une forme convexe à cette partie de l'aire des contre-tranches, qui est opposée aux surfaces concaves.

Si on ne fendait pas une deuxième fois ce chicot, l'action d'écartement pourrait surmonter les forces élastiques du fil de laine, et exposer à l'impression de l'air la partie supérieure de l'aire des tranches.

La deuxième fente assure un mouvement d'écartement, prolongé autant qu'il doit l'être, pour établir le parallélisme desiré, arrêté au point précis où il doit s'arrêter, pour ne pas découvrir les racines du scion.

Régime.

Le but du régime doit être de diriger doucement la force vitale active sur le bouton inséré, par suppression graduée des organes qui lui disputent l'eau du sol.

Vers le cinquième jour, on supprimera les bourgeons d'été.

Vers le dixième, on supprimera le limbe des quatre feuilles inférieures à l'insertion de la greffe, et leurs gemmes axillaires.

Vers le vingtième jour, si les quatre pétioles tronqués ont reproduit des boutons d'hiver, on les supprimera une seconde fois.

En même temps, on supprimera le limbe de la feuille nourrice, et son bouton régulier qui a été divisé sans qu'il en soit resulté un retard dans son développement, parce qu'il n'est encore qu'un prolongement d'herbe.

Ainsi, le vingtième jour, cinq pétioles formeront les degrés d'une nouvelle échelle de vitalité, encore indispensable à maintenir, pour élever l'eau du sol jusqu'au sommet.

Ce régime s'appliquera à l'une et à l'autre méthode.

On parera ces greffes vers le trentième jour, lorsque le bouton inséré se prolongera d'une manière sensible.

Après avoir déshabillé et paré cette greffe, on rhabillera promptement avec une lanière de papier et un fil de laine; on serrera plutôt pour contenir que pour contraindre.

On apprendra facilement à modifier le régime selon les genres : les plantes annuelles nous dispensent de tous ces soins.

Quelques considérations sur la greffe du Noyer.

J'ai greffé le Noyer par d'autres moyens qu'il est inutile de décrire, parce qu'ils sont d'une exécution difficile.

Une greffe très-facile, et qui m'a procuré de très-beaux sujets que j'ai distribués en Suisse et en France, c'est la greffe par approche, d'une herbe gemmale sur l'herbe séminale d'une noix qu'on a plantée dans un petit pot.

Lorsque j'ai voulu décrire ces méthodes, j'ai choisi

une tige qui a produit cinq feuilles, parce que mes plus belles greffes ont été faites au mois de juin par la cinquième feuille, et parce que je me suis imposé de ne présenter que des vérités précises.

Mais je crois que la troisième feuille est préférable, lorsqu'elle est dans la situation où nous avons choisi cette cinquième feuille.

Quant au régime, je l'ai décrit tel que je l'ai suivi, et je ne crois pas qu'il soit de rigueur.

Sir John Evelyn considérant que notre Noyer emploie un temps considérable à produire du bois avant de se mettre à fruit, a énoncé le vœu qu'on pût le greffer avec son propre scion.

On voit qu'aujourd'hui rien n'est plus facile; mais, comme la greffe accélère la végétation au printemps, cette greffe ne convient pas sur notre élévation.

Par ce motif, nous ne grefferons pas le Noyer de la Saint-Jean, arbre précieux qui parcourt les périodes de la vie active dans un temps abrégé, et qui porte son bois et son fruit à maturité, quoiqu'il pousse au printemps vingt-cinq jours plus tard que les autres.

Nous ferons germer des Noix de la Saint-Jean; nous écarterons toutes celles qui germeront avant le 25 de mai, et nous obtiendrons l'individu que nous cherchons dans la proportion de trente pour cent.

M. Michaux, auquel nous devons un ouvrage classique sur les arbres de l'Amérique septentrionale, a énoncé un vœu plus raisonnable que celui d'Evelyn.

Il désire que les bonnes espèces du nouveau continent, qui sont rebelles à la transplantation, parce que leurs racines sont privées de chevelu, soient greffées sur notre Noyer qui se transplante facilement.

Le bouton de notre Noyer, qui a été introduit en Europe il y a plus de trois mille ans, a encore une physionomie asiatique : c'est par-là qu'il souffre lorsque l'hiver est rigoureux ; mais sa racine est très-rustique, elle survit long-temps à sa tige.

Les résineux uni-tiges nous ont offert la force vitale active dans sa mesure égale à trente. Nous avons conçu qu'il fallait obtenir de l'herbe des multi-tiges, cette action ascendante, une, et sans partage, qui caractérise la végétation de l'herbe centrale terminale des Pins et des Sapins.

L'ordre qui préside au rajeunissement périodique des Buissons, nous a démontré qu'il fallait demander des tiges radicales vertes aux sujets qu'on se propose de greffer dans la classe des multi-tiges.

Il me reste à observer que, dans cette classe, le Noyer et le Châtaignier se distinguent par la faculté qu'ils ont de produire de très-belles tiges radicales, lorsqu'on les coupe sur pied, et qu'ils sont par conséquent, après les résineux et la Vigne, les arbres les plus faciles à greffer.

On a donné le nom de nœud vital au collet des arbres ; c'est là que se termine l'herbe blanche centrale et l'herbe blanche rayonnante ; c'est là que deux premières feuilles ont nourri un premier gemme, une première racine.

La Vigne et les résineux n'ont pas au collet de nœud vital ; mais cette dénomination convient parfaitement au collet de tous les arbres de la troisième classe, qui cache une réserve de vie applicable à la reproduction individuelle.

En général, il est facile de greffer sur l'herbe continue des tiges radicales, avec scion formé de bois de première sève, ou de bois mûr, ou de bois gardé.

Le Noyer refuse cette greffe. Je crois que ses cloisons médullaires renferment un air approprié à la nutrition ; que cet air est plus léger que l'air atmosphérique, en sorte qu'il est déplacé immédiatement dès qu'on entaille un scion ligneux.

Si on coupe transversalement une jeune branche ligneuse de Noyer, les cloisons médullaires discoïdes, placées près l'aire de la coupe, en s'enfonçant, paraîtront céder à la pression atmosphérique.

J'ai dit, au sujet de l'*Hortensia*, qu'il fallait greffer cette plante avec scion formé d'un faisceau d'herbes terminales.

On peut greffer ainsi toutes les tiges vertes, dont les feuilles terminales forment un faisceau disposé verticalement.

Chez le Cerisier, les jeunes feuilles terminales paraissent inclinées ; mais les deux parties du limbe sont appliquées l'une sur l'autre : la grande nervure seule décrit une courbe. L'herbe de ces feuilles est plantée verticalement sur un plan incliné ; on peut donc aussi greffer le Cerisier avec scion formé d'un faisceau de feuilles terminales.

Mais le faisceau d'herbes terminales, chez le Noyer, nous présente de petites folioles étalées qui se projettent dans tous les sens. Il ne faut donc pas greffer le Noyer avec scion formé d'un faisceau d'herbes terminales :

mais, comme nous l'avons dit, avec pétiole tronqué, chicot vert et section de tige-herbe.

Lorsqu'on transplante une jeune plante annuelle, un Chou, on observe que les feuilles inférieures succombent à l'action du soleil, parce qu'elles sont projetées, et que les jeunes feuilles terminales résistent à l'action lumineuse, parce qu'elles s'élèvent verticalement.

Quelques modifications indiquées par la disposition du système gemmal.

L'herbe centrale des Mélèses et des Sapins nous présente de petites feuilles ; dans l'aisselle d'une ou de plusieurs feuilles réside un bouton : ces feuilles sont nourrices spéciales du bouton, et les feuilles qui n'ont pas de gemme sont nourrices auxiliaires.

Dès qu'on coupe l'herbe centrale d'un de ces arbres, au-dessus d'un bouton, on transporte le foyer de vitalité sur ce bouton. C'est donc en opposition d'un bouton, et à la hauteur d'un bouton que je greffe la tige verte tronquée des Mélèses et Sapins, avec scion formé d'un faisceau d'herbes terminales.

L'herbe centrale des Pins n'a pas de boutons latéraux ; lorsqu'on la coupe, on porte le foyer de vitalité sur les feuilles les plus voisines de l'aire de la coupe. Les feuilles produisent immédiatement des boutons qui naissent dans le fourreau, et qui se prolongent dès la première année.

Ainsi, en greffant l'herbe centrale tronquée d'un Pin, j'ai soin de réserver quelques feuilles près de l'aire de la coupe, afin qu'elles appellent les forces vitales actives sur ce point où j'ai inséré une herbe terminale de Pin.

D'après ce que je viens de dire, on juge que les Pins peuvent être facilement propagés par la greffe des feuilles ; on perd la valeur d'une année, lorsqu'on greffe des feuilles de Pin.

Quant à la Vigne, je l'ai greffée facilement par les moyens indiqués pour le Noyer.

Les arbres à feuilles opposées (Marronier, Frêne), nous offrent deux nourrices au lieu d'une ; je coupe leur herbe trois lignes au-dessus des aisselles de la paire qui précède le faisceau d'herbes terminales.

Je fends la tige dans toute sa capacité ; j'y fais glisser un scion d'herbe taillé en coin, les pétioles du scion et ceux du sujet placés à hauteur égale, sont disposés comme les rayons d'une roue.

Mais l'herbe des Frênes, près des boutons, me présente toujours une coupe ovale ; si le petit diamètre est trop court, je fends cette herbe par diamètre moyen.

Si vous voulez greffer un Melon sur le grand Potiron, vous observerez que sa tige est creuse, et que son herbe représente l'herbe cylindrique des tiges ligneuses.

Si la pointe de l'instrument se présente comme rayon pour fendre cette tige, la largeur des contre-tranches ne suffira pas ; mais, si elle se présente comme côté de l'hexagone circonscrit au cylindre, alors vous obtiendrez une largeur suffisante.

Je craindrais de tomber dans des détails frivoles, si je donnais plus d'étendue à ces observations.

Greffe des Plantes annuelles.

Les plantes annuelles se greffent avec une facilité qui efface celle que nous avons observée chez les grands résineux. La méthode est la même ; mais ici le régime n'est rien : on peut, en greffant les plantes annuelles, supprimer tous les gemmes axillaires du sujet.

J'ai voulu marcher trop droit au but le plus utile, en greffant le Chou-fleur sur souches de Choux printaniers qui avaient déposé leur tête à la cuisine. Ces sortes de greffes ne peuvent réussir qu'à l'aide de soins qui en absorbent l'utilité économique. Mais il m'a paru qu'il était facile, et que par conséquent il pourrait être utile de greffer le Chou-fleur sur jeune plant de Brocoli ou Chou de Cavalier.

Pour greffer les Melons, il m'a paru que le meilleur sujet était le Concombre.

J'ai greffé le Chou-fleur avec faisceau d'herbes terminales ; j'ai greffé le plan à l'époque où on le transplante.

J'ai greffé le Melon avec scion formé d'un pétiole, d'un gemme axillaire et d'une section de tige-herbe.

Les gens du monde ont marqué peu d'empressement à goûter les fruits qui ont résulté de ces greffes ; mais ils ont avoué qu'ils n'avaient jamais mangé de meilleurs fruits.

Pour nous, nous n'avons jamais douté du résultat. Nous aurions été étonnés, si par exception, dans cette seule occasion, la greffe n'avait pas tendu à la parfaite maturation, et par conséquent à l'amélioration du fruit.

Mes meilleurs fruits provenaient de greffes sur des sujets semés en pleine terre ; j'ai tenu une cloche sur la greffe pendant quelques jours.

Bradley estime à quarante jours la durée du temps nécessaire pour porter un fruit arrêté à sa parfaite maturité. Sans doute il suppose que ce fruit est aidé par tous les moyens industriels qui peuvent dépendre de nous.

Un Melon provenant d'une plante greffée en pleine terre, emploie près de cinquante jours pour parvenir à sa parfaite maturité, et encore faut-il qu'il ait été couvert d'une cloche.

La végétation d'une plante de Melon, greffée par la quatrième ou la cinquième feuille d'une jeune plante de Concombre, est très-vigoureuse. Si on pince trop tôt, on augmente cette vigueur, qu'il faut dompter. J'ai mis à fruit une de ces plantes, en ôtant au sujet quelques racines. Mais comme il est difficile d'apprécier l'importance d'une racine qu'on se propose de supprimer, j'ai admis un moyen que je crois meilleur : j'ai ôté à la plante un tiers ou moitié de l'eau du sol, par suppression d'une section cylindrique de la tige verte, égale au tiers ou à la moitié de sa capacité ; il m'a paru, non-seulement que j'avais déterminé la fécondation des fleurs, mais aussi que j'avais gagné deux ou trois jours, relativement à la maturité des fruits.

Les premières greffes ont été exécutées au commencement de juillet ; elles m'ont procuré une suite d'excellens fruits, depuis le commencement de septembre jusqu'à la fin d'octobre.

Jeunesse et vigueur, ne produisent que de l'herbe, et n'accordent pas de fruits, ou les mûrissent mal. Un

Melon fécondé, n'est pas un Melon arrêté. Le mot arrêté, par lequel les jardiniers désignent un fruit qui tiendra, dérive probablement d'une observation qu'on peut appliquer à tous nos arbres fruitiers; c'est que pour qu'un fruit tienne et puisse parcourir les périodes de la maturation, il faut que la fougue d'herbe soit enfin arrêtée.

Chez les plantes annuelles, comme chez les arbres, le fruit mûrit par privation absolue de l'eau du sol. Ici le pédoncule devient ligneux et cesse de porter de l'eau; là le pédoncule se détache. J'ai goûté des Melons délicieux très-près de leur zone naturelle: le collet de la plante était calciné par le soleil, et ne transmettait plus d'eau aux parties vertes depuis plusieurs jours. Ainsi, la nature a marqué le moment où l'eau du sol doit cesser de délayer les parties sucrées.

On sait que les graines des céréales mûrissent par solidification du chaume, qui cesse de leur porter de l'eau.

Je ne crois pas que les Melons d'hiver, qu'on cultive dans le midi de l'Europe, soient une espèce. Ce sont des Melons qu'on a semés trop tard, et qui, avant la maturité des fruits, ont rencontré la saison des pluies (le mois de septembre). De tels fruits recevraient trop d'eau du sol; on les cueille et on les suspend à une muraille de couleur blanche. C'est-là que ces fruits parcourent les degrés de la maturation, et qu'ils absorbent la substance lumineuse, principal aliment de tous les fruits qui tendent à la maturité, et principalement du Melon.

Mais l'action rayonnante, et surtout l'action réfléchie qui en résulte, n'ont toute leur valeur pour ces fruits, qu'autant que cette action est perpendiculaire : ainsi, quand le soleil devient oblique, on fait sagement de les suspendre à une muraille, afin de regagner pour eux la perpendicularité de l'action rayonnante.

Je crois que sur notre élévation, nous ferions sagement de cultiver ces plantes en espalier, sur un plant de maçonnerie élevé de 45 degrés, seul moyen de verser sur eux la substance lumineuse, comme ils la reçoivent sur leur zone naturelle (l'Afrique).

La plupart des Cucurbites aiment à étendre leur tige horisontalement; mais tous les degrés de l'accroissement ont lieu dans la situation verticale.

En greffant, ayez soin que le gemme soit disposé verticalement, afin qu'il n'ait pas la peine de se retourner, car le tems appliqué à la réparation, est toujours un tems ôté à l'accroissement.

L'action du vent sur les feuilles est bien dangereuse. Quelquefois le vent parvient à retourner une tige. Alors les feuilles présentent à l'humidité de la nuit, les surfaces qu'elles doivent présenter à l'action lumineuse; quelquefois elles périssent par impuissance de se retourner assez tôt, pour arrêter à tems les effets de ce désordre.

Je me suis contenté de poser quelques pierres sur la tige des Melons et des Concombres, pour modérer les effets nuisibles qui résultent de l'action du vent. La simple oscillation des feuilles occasionne une diminution sensible dans l'accroissement. Des pierres ne suffiraient pas pour contenir la tige du grand Potiron : il faut encore, de distance en distance, présenter un tuteur au pétiole des feuilles.

Est-ce que la nature serait en défaut, qu'il fallût absolument lui prêter ces secours? Non; ces plantes, dans leur état habituel, et surtout sur leur zone primitive, produisent des fruits pesans tellement disposés sur le côté des tiges, qu'ils opposent une force de gravité à l'impression du vent.

Mais on sent que lorsque nous greffons le Melon, par les feuilles du grand Potiron, nous substituons une pesanteur de deux ou trois livres, à une pesanteur de trente ou quarante livres. C'est notre industrie qui a rompu l'équilibre imposé par la nature; c'est l'industrie qui doit le rétablir.

Un Melon, lorsqu'il est de la grosseur d'une noix, n'est encore qu'un prolongement de l'herbe continue; on peut le détacher de sa tige, et le greffer sur Concombre ou sur une autre Cucurbite.

Coupez un pouce et demi au-dessous de l'insertion du pédoncule; taillez en coin cette section de tige-herbe, et introduisez ce coin dans une incision oblique que vous aurez pratiquée, en posant la pointe de l'instrument dans l'aisselle d'une feuille que vous aurez soulevée.

Cette greffe, qui est exactement la première méthode décrite pour le Noyer, conviendrait mal, si on voulait greffer ce fruit sur un grand Potiron, parce que sa tige est d'un calibre trop fort. Dans cette occasion, il faut avoir recours à la seconde méthode, se rappeler ce que nous avons dit sur les inconvéniens de l'oscillation des feuilles, et sur la nécessité de fendre l'herbe d'une

tige creuse par sécante parallèle au côté de l'hexagone circonscrit.

Ces fruits sont restés très-petits ; ils ont employé plus de soixante jours à parcourir les degrés de la maturation.

Le 18 octobre, j'en ai envoyé un à Monsieur de Viville, Secrétaire de la Société d'agriculture à Metz. Le 28 octobre, j'ai envoyé un de ces fruits à Monsieur Holandre ; celui-ci était attaché à la feuille du grand Potiron qui lui a servi de nourrice spéciale. Ces fruits ont été trouvés exquis. Par-dessus la cloche, qui ne les a pas quittés, j'avais établi un châssis vitré pour préserver les tiges et feuilles des sujets de l'impression de la gelée. Ils avaient été greffés à la fin d'août sur des plantes vigoureuses, auxquelles j'avais ôté leurs gemmes, et auxquelles j'avais laissé toutes leurs feuilles.

Je dois prévenir que je n'ai cultivé cette année qu'une seule espèce de Melon. La graine m'a été envoyée par M. le comte d'Ourches (Charles), sous le nom de Melon-vert de la Caroline. Il m'a paru que ce Melon était le même qu'on cultive à Malte, sous le nom de Melon d'hiver.

Mais il me siérait mal de donner des préceptes sur la nature d'une plante que j'ai étudiée cette année pour la première fois : ce sera, si on le veut, le Melon de la Caroline. Ce qui est incontestable, c'est que les fruits de cette espèce, obtenus par greffe en pleine terre, ont été meilleurs que les fruits provenant de plantes élevées sur couche, et ensuite transplantées en pleine terre, très-près d'un mur, à l'exposition du midi avec abri du côté du levant. Voilà ce que je peux assurer pour rentrer dans le cercle des vérités précises que je me suis proposé de développer dans ces notes.

L'instrument propre à tailler du bois ne taillerait pas une herbe ; on peut greffer facilement avec un scalpel fin. Les herbes à tissu lâche ne se taillent bien qu'avec un rasoir.

Il faut chaque fois essuyer l'instrument, et si on observe, sur l'aire de la tranche, des traces de fer oxidé qui s'accusent immédiatement par une couleur noire, alors il faut retailler ou écarter cette greffe.

La laine qui a été blanchie, a perdu une partie de sa force élastique ; il faut employer la laine la plus fine dans l'état où elle sort des mains de l'ouvrier qui l'a assemblée ; on la double, on la triple, suivant la nécessité.

Si le soleil est trop ardent, roulez une feuille autour du scion. Les résineux, la Vigne, le Noyer, les plantes annuelles n'exigent pas cette précaution que je n'ai employée cette année que lorsque j'ai greffé l'herbe du buis et celle du Rhododendron.

On a déjà dû juger que l'art de greffer est fondé sur la faculté qu'a chaque section du végétal de vivre de sa vie propre un temps donné, dont la durée plus ou moins étendue est en raison inverse des degrés de la force vitale active.

Ainsi, une tige coupée en février et introduite dans une glacière, est susceptible de vivre plusieurs années.

C'est sur les degrés de la force vitale passive du scion qu'est fondée la greffe en fente des jardiniers. Ils coupent leur bois en février, et prolongent le sommeil du bouton. Le seul tort qu'ils aient, c'est d'imposer au sujet une létargie de quarante jours par suppression de sa tige rameuse.

Quand nous greffons de l'herbe au mois de juin, nous employons le bouton dans le *minimum* de sa vie propre ; ce qui nous oblige à demander au sujet le *maximum* de sa force vitale active.

Les plantes ligneuses ont à nos yeux une vie active et une vie passive.

Le bouton grossit en cachette pendant l'hiver, a dit Duhamel ; mais l'empire du bouton s'étend jusqu'aux extrémités des racines. Le mouvement des liquides est donc ralenti et point arrêté.

Privation totale de mouvement constitue l'état de mort ; mais une vie partielle ralentie et concentrée, s'observe journellement, même chez les hommes dans l'état de maladie.

Nous appelons inertie un état de mouvement continuel, qui ne frappe nos yeux que par les effets qui en résultent.

Des Pommes de terre ; culture et greffe.

J'aborde une question de la plus haute importance. M. Pictet nous a avertis, par une petite note, que la pesanteur de la récolte des tubercules de Pommes de terre était invariablement proportionnelle à la pesanteur de la semence.

Ainsi, il a répondu à toutes ces théories qui tendaient à nous faire perdre de vue le point essentiel, en dirigeant nos économies sur cette semence qui produira nécessairement en raison de sa pesanteur.

Cela n'est pas seulement vrai pour les tubercules des Pommes de terre. Cela est vrai pour toutes les semences ; car une semence, un tubercule, nourrissent la jeune plante de leur propre substance avant qu'elle puisse puiser des alimens dans le sol, et continuent à nourrir la plante jusqu'à épuisement de leur propre substance, lorsqu'elle a projetté des racines dans le sol. Or on sent que la vigueur doit être en raison de la masse des alimens reçus, et que le produit doit être en raison de la vigueur.

Mais le sol n'admet pas de surcharge ; ce n'est donc pas en plantant dix tubercules sur une surface donnée, qui n'en admet que six, qu'on obtiendra une meilleure récolte, c'est en choisissant six forts tubercules.

Je soumets à M. Pictet et à tous les amis des pauvres, une question sur laquelle je produirai quelques lumières ; mais que je ne pourrai réosudre cette année avec la précision désirable.

Je crois que la récolte des tubercules est toujours en raison du développement des tiges vertes, et que favoriser l'accroissement de l'herbe verte, c'est ajouter au développement de l'herbe blanche.

Je crois enfin (toutes choses égales d'ailleurs), que le seul moyen industriel, par lequel il nous soit possible de favoriser le développement des tiges vertes, c'est de les soutenir dans la direction verticale.

Sur un sol médiocre, j'ai porté à plus de six pieds le développement des tiges vertes que j'ai soutenues. Chaque feuille a produit une tige axillaire de deux pieds, quatre pieds, cinq pieds de longueur, selon sa situation sur la tige radicale.

J'étais persuadé que, dans leur ensemble, toutes ces tiges allaient produire une grande masse de sucs nourriciers applicables à l'avancement des tubercules.

Ma récolte n'a pas répondu à mes espérances; j'ai recueilli un trés-grand nombre de petits tubercules.

Ces Pommes de terre avaient été plantées à la charrue le premier novembre 1818, et chargées de quinze pouces de terre. Le 15 d'avril, j'ai fait applanir le sol; mais il était déjà serré, effet inévitable d'une culture d'automne; l'été a été sec, et je suis persuadé que le défaut de mobilité du sol a nui au développement des tubercules.

Comme cette question est du plus haut intérêt, je me reprocherais d'omettre le moindre apperçu, susceptible de concourir à son éclaircissement.

En juin, j'avais fait préparer un premier treillage ayant trois pieds et demi hors du sol. J'étais persuadé qu'il suffirait. Je fis voir cet appareil à M. Holandre: il me dit qu'ayant planté, il y a trois ans, quelques tubercules, il avait fait soutenir les tiges vertes avec des tuteurs; que ces tiges étaient parvenues à plus de huit pieds d'élévation; que la récolte des tubercules avait été de quatre-vingt pour un, et qu'il avait attribué cette prodigieuse fécondité à la richesse du sol. C'était, il est vrai, des variétés productives: la rouge *Coton-Douai*, et la *Blanche rosée Descroisilles* du catalogue de la Société d'agriculture de Paris.

Attribuant quatre pieds d'élévation, et quarante du produit à la richesse du sol, je fus persuadé que le surplus devait être considéré comme résultat du soin qu'on avait pris de maintenir les tiges dans la direction verticale.

Ainsi, je fis disposer immédiatement des piquets ayant six pieds hors du sol, et soutenant une traverse terminale qui a été dépassée par le plus grand nombre des tiges vertes.

On peut réduire à moitié les frais que je me suis imposés, en plantant un seul treillage pour deux rayons sur la ligne moyenne parallèle.

Ma récolte, dans son ensemble, a surpassé une récolte ordinaire. Mais il ne faut pas perdre de vue que trois tubercules qui pèsent ensemble une livre, n'ont pas la valeur d'un tubercule du poids d'une livre; que par conséquent, le but de la culture doit être d'obtenir les plus forts tubercules possibles. Ma récolte a été mauvaise, parce que l'augmentation du produit n'a pas été suffisante pour compenser les frais que la culture m'a imposés.

Je me propose de renouveller cette expérience sur un sol riche; de planter au mois d'avril, d'enterrer des feuilles sèches et de la paille rompue, car le fumier gâte toutes les racines qu'il touche. Par-dessus le sol, j'étendrai un vaste manteau de fumier long, à l'effet de rompre la violence des averses de pluie qui viennent quelquefois battre et serrer le sol.

Je désire vivement que plusieurs cultivateurs renouvellent cet essai, persuadé qu'ils obtiendront un résultat satisfaisant.

Le sol n'admettant pas de surcharge, il ne peut produire généralement que dans une mesure relative aux substances alimentaires qu'il présente aux racines de plantes.

On sait que l'industrie peut ajouter des principes aux principes naturels du sol.

Cette occasion est presque la seule où l'industrie puisse aller au-delà, et demander à l'atmosphère, où les principes se renouvellent sans cesse et ne s'épuisent jamais, une plus riche dotation de sucs nourriciers applicables à l'accroissement des racines tuberculeuses.

Non-seulement une tige verte, soutenue dans la direction verticale, résiste à l'ardeur du soleil; mais aussi elle supporte, sans souffrir, l'impression d'une petite gelée.

La verticalité détermine une plus grande vigueur dans le prolongement, un mouvement accéléré dans l'action des fluides, et par conséquent une chaleur locale plus considérable.

Le temps que notre faiblesse qualifie d'indivisible, la nature le saisit et le divise à son gré. Non-seulement elle le divise, mais elle en forme une série et en compose une durée, qui offre à nos observations des résultats palpables.

Si on greffe un Melon (fruit) près d'une jeune feuille du grand Potiron, on sent qu'il est nécessaire de soutenir cette feuille avec un tuteur, afin que son oscillation ne dérange pas la greffe qu'on vient d'insérer.

Et bien, une telle feuille soutenue s'élèvera toujours de deux ou trois pouces au-dessus de toutes les autres.

C'est que chaque mouvement d'oscillation, dans un temps indivisible, jette le pétiole hors de la direction verticale; chaque mouvement vers l'inclinaison occasionne un ralentissement dans le mouvement des fluides.

Si des temps d'oscillation cumulés suffisent pour imposer une diminution nécessaire à l'accroissement d'un pétiole, quel effet doit produire, au mois de juillet, sur des tiges de Pommes de terre une pluie de trois jours? Toutes ces tiges versent et ne se relèvent plus. Dans cette situation, elles succombent bientôt à l'action du soleil; elles brûlent. Cette année, on a commencé la récolte à la fin d'août. Quand les tiges sont calcinées par le soleil, on ne gagnerait rien à laisser les tubercules dans le sol. De tels tubercules mûrissent, par privation prématurée des alimens de l'accroissement, et le but de la culture doit être de favoriser leur développement.

Le 20 septembre, mes tiges vertes de Pommes de terre faisaient encore de l'herbe; je les ai fait détacher alors, et livrer sans appui à l'ardeur du soleil. J'ai fait la récolte trop tôt, le 15 octobre, les tubercules n'étaient pas parfaitement mûrs.

On voit que le moment de la maturité a dépendu de ma volonté, et que j'ai pu gagner le produit d'une végétation de quarante jours au-delà de la végétation des Pommes de terre qui ont été assujetties à la culture commune.

Je crois qu'il sera d'un faible intérêt de greffer une espèce de Pommes de terre sur une autre. La greffe favorise la fructification, en diminuant les projections d'herbe verte et d'herbe blanche, dont nous devons nous appliquer à favoriser le développement; ainsi il est probable que la greffe des tiges vertes occasionnera une diminution dans le produit des tubercules qui ne sont qu'une modification de l'herbe blanche. Cependant si une bonne espèce refusait de donner des semences, et qu'on voulût en obtenir, alors, il faudrait la greffer.

On cultive dans le midi de l'Europe quatre plantes à fruits succulens qu'on peut greffer facilement sur tige verte de Pommes de terre; l'Aubergine, l'Alkekenge, le Poivre long et la Tomate.

En envoyant au Jardin du Roi, le 8 octobre, des Tomates greffées, avec les tubercules correspondans, j'ai écrit à M. Thouin que je ne croyais pas que la greffe des Tomates nuisît à la qualité ni à la pesanteur de la récolte des tubercules, parce que ces plantes développaient une telle vigueur, qu'en tenant compte des sucs nourriciers répercutés par la greffe au préjudice des racines, il restait pourtant vrai que les projections d'herbe offraient une masse plus considérable, etc.

Un plus mûr examen m'oblige à considérer cette intéressante question comme indécise.

J'ai greffé quarante jours trop tard; les tubercules étaient formés. Obligé de chercher l'herbe continue sur un point très-élevé de la tige verte, j'ai réservé toutes les feuilles inférieures comme une échelle indispensable pour porter l'eau du sol vers le bouton inséré. Ces feuilles, auxquelles j'ai seulement ôté leurs bourgeons axillaires, à mesure qu'ils se présentaient, ont pu nourrir les tubercules.

Il faut donc, au mois de mai, greffer des Tomates sur un rayon de tiges vertes de Pommes de terre; et si la récolte des tubercules n'est ni altérée ni diminuée, alors il sera vrai qu'on peut obtenir deux récoltes, en greffant la Tomate sur tige verte de Pommes de terre; et il pourra être intéressant d'obtenir cet excellent légume par la greffe, et d'être affranchi de tous les soins et de toutes les précautions qu'impose sa culture sur notre élévation.

J'espère que l'année prochaine, dans les portions communales de Colombé, on cultivera le Melon, le Chou-fleur, la Tomate et l'Aubergine. Ces plantes auront été greffées par la main des villageois, qui en savent aujourd'hui autant que moi sur cet objet.

Cela répondra aux objections qui m'ont été faites plusieurs fois ; que la greffe des plantes annuelles devait être d'une exécution difficile, d'où résulterait que cette greffe ne serait jamais qu'un simple objet de curiosité.

Pline nous dit que, de son temps, l'industrie stimulée par un luxe insolent et cruel, avait porté les légumes les plus simples à une telle valeur, qu'ils étaient exclus de la table du pauvre. On voit qu'un but opposé a été l'objet de nos travaux. Pline a payé un tribut nécessaire aux préjugés de son siècle. Ainsi, il nous avertit qu'il n'est pas permis d'essayer toute espèce de greffe ; qu'on risque de provoquer la foudre, lorsqu'on greffe sur l'Aubépine, etc.

Nous ne craignons plus de greffer sur l'Aubépine ; mais si quelqu'un s'avise de greffer certains *Datura* sur tige verte de Pommes de terre, je lui conseille de goûter les tubercules qui résulteront, avec circonspection, car la circonspection ne peut nuire, à moins qu'elle ne produise l'indécision.

Si j'ose préjuger le résultat d'un tel essai, les tubercules qui résulteront ne seront pas dangereux.

POST-SCRIPTUM.

Le 20 novembre, j'ai envoyé au Secrétaire de la Société d'agriculture de Metz un excellent Melon. Ce Melon, détaché à la fin d'août, et greffé sur une plante adulte de Concombre, a employé 90 jours à parcourir les degrés de l'accroissment et ceux de la maturation. Sa grosseur n'a pas dépassé celle d'une belle poire de Bon-chrétien.

A la fin d'octobre, je fis voir ce dernier fruit à M. Holandre. Il observa des signes de dépérissement sur la tige et sur les feuilles du sujet; et comme ce fruit était resté très-petit, et que les nuits étaient longues et froides, il jugea que ce dernier fruit donnait peu d'espérance; j'en jugeai de même alors.

Le lendemain, avant de le condamner, je voulus l'examiner. Je fis défaire le cadre qui soutenait un châssis dont on couvrait la plante pendant la nuit; j'observai que le fruit était plein de vie, et qu'il continuait à grossir; la racine du sujet paraissait pourrie depuis plusieurs jours; le collet de la plante était sans vie; les quatre premières feuilles étaient mortes; le limbe des quatre feuilles suivantes était desséché; leur pétiole n'était plus animé, excepté près du point de leur implantation; il restait trois autres feuilles en comprenant la nourrice spéciale; chez ces trois feuilles, la décroissance était marquée dans une mesure progressive vers le collet, les pétioles étaient pleins de vie, le limbe de la feuille nourrice était le seul sur les nervures duquel on observât encore des traces de végétation.

Ainsi, depuis les racines, par où le dépérissement avait commencé, jusqu'à l'extrémité de la tige, la plante entière faisait office de cotylédon à l'égard de ce fruit. Il n'était pas temps de déranger cette marche naturelle que j'avais observée plusieurs fois dans des circonstances analogues. Je fis rétablir le cadre, doubler le châssis et la cloche pendant la nuit. Tous les deux ou trois jours, j'allais observer ce Melon. Le 10 novembre, la zone de mort, en s'avançant vers le fruit, était arrivée à un pouce du point de la tige, sur lequel la greffe était insérée. Au-dessous, et très-près de ce point, je coupai la tige. Le pétiole de la feuille nourrice ne vivait plus dans sa partie supérieure; je rabattis également cette partie. J'enveloppai ce Melon dans une feuille de papier et le suspendis au trumeau de la cheminée du sallon, où on fait un grand feu avant le point du jour. La mort continua à s'avancer dans le même ordre. Mais sous le châssis, le dépérissement avait lieu par pourriture; ici, il s'annonça par dessèchement. Le 20, le dessèchement embrassa l'intégralité du pédoncule. Je jugeai qu'il était tems de déshabiller ce fruit. J'ôtai le papier; une couleur jaunâtre, un parfum doux, faible, mais point équivoque, m'accusèrent sa parfaite maturité. J'allais l'expédier à son adresse, ne doutant pas de sa qualité; mais j'ai voulu vérifier si la semence était parfaitement conditionnée; je l'ai trouvée très-pleine, et j'ai goûté cet excellent fruit, chez lequel la zone des couches corticales était très-mince, le péricarpe proportionnellement plus large, les semences petites, arrondies, pleines, rares, nageant dans un milieu étroit, rempli d'une eau vineuse, sucrée et parfumée.

Ainsi s'ouvre devant nous une nouvelle carrière pleine d'aspérités, dont l'entrée est applanie. Trois années d'application devront suffire pour déterminer jusqu'à quel point il nous est permis d'espérer que nous obtiendrons de bons Melons d'hiver.

Nous avons évalué à 70 jours, la durée du temps, de la vie complette d'une plante de Concombre. Ce sujet adulte avait 25 ou 30 jours lorsqu'on l'a greffé. On sait qu'on prolonge la vie des plantes annuelles lorsqu'on les empêche de fleurir, parce que la nature tend toujours à la réparation et à la conservation, dans le but d'atteindre à la reproduction. Ici, la nature a employé des moyens qui nous paraissent nouveaux, mais qui ont beaucoup d'analogie avec ceux que l'industrie emploie dans le midi de l'Europe, pour obtenir des Melons d'hiver.

Le Concombre des ânes est une plante vigoureuse, la seule (je crois) de ces cucurbites qui soit indigène aux régions européennes. J'ai bien du regret d'avoir négligé ce sujet. L'insupportable amertume de son fruit ne m'aurait causé aucune inquiétude. C'est la vigueur du sujet qui doit principalement diriger notre choix, lorsque nous greffons ces plantes délicates en pleine terre. Le froid suspend l'action vitale, comme cinq, comme dix, comme vingt, selon que le sujet est plus ou moins acclimaté, ce qui suppose qu'avec l'aide du tems, le tempérament des plantes que la main des hommes a déplacées, tend à se mettre en équilibre avec un plus grand froid.

Mais l'acclimatement est excessivement lent chez les plantes annuelles, qu'on renouvelle toujours par leurs semences. Il serait donc important de propager les Melons par bouture, et il est probable qu'on y réussira en enterrant le bourrelet d'une greffe. Si on obtient ces boutures en automne, il faudra leur faire passer l'hiver dans la serre tempérée, et se proposer de toujours greffer, et propager les mêmes individus, par les mêmes moyens, afin que le temps écoulé compte pour leur acclimatement, tout ce qu'il peut compter. Il est à espérer que cette marche produira un jour des Melons, chez lesquels le bassin dans lequel nagent les semences, sera occupé par une extension du péricarpe.

Dans la langue de la science, bouton et greffe sont un; l'un et l'autre procédé produisent les mêmes résultats, la propagation individuelle.

L'espèce Melon ne sera jamais vivace; mais un individu peut être rendu perpétuel, si on parvient à lui faire passer l'hiver, et à lui emprunter des gemmes au mois de mars.

C'est presque le seul moyen d'éviter les dégénérations qui résultent si souvent du libertinage des fleurs, parce qu'on veut cultiver plusieurs espèces de Melons dans le même jardin. Il faudrait donc dans un espace donné, ne cultiver qu'une seule espèce de Melon, et surtout, écarter les autres cucurbites.

Je crois qu'il sera mieux de prolonger jusqu'à l'année suivante, la vie des individus qui auront produit de bons fruits ; ce qui donnera la facilité de pouvoir, sans inconvénient, cultiver plusieurs espèces.

M. de Candolle croit qu'un mariage adultère est sans action sur le péricarpe du fruit qui en résulte, et qu'ainsi un fruit délicieux peut renfermer des semences détestables. Si cela est vrai, il faut se mettre en état de ne jamais plus semer de Melon, la semence de ce fruit ne pouvant offrir aucune sûreté.

A sujet préparé et fendu
B sujet greffé avec sa bride
C taille du scion

S.T.L.G. del.

www.ingramcontent.com/pod-product-compliance
Ingram Content Group UK Ltd.
Pitfield, Milton Keynes, MK11 3LW, UK
UKHW020956180726
13838UKWH00003B/1354

9 782329 246673